图书在版编目（CIP）数据

不能不懂的编程 / 项华编著；（西）弗朗西斯科·佩莱斯绘. — 北京：北京联合出版公司，2021.9（2022.5 重印）

（我是学霸）

ISBN 978-7-5596-5448-9

Ⅰ. ①不… Ⅱ. ①项… ②弗… Ⅲ. ①程序设计 – 儿童读物 Ⅳ. ① TP311.1-49

中国版本图书馆 CIP 数据核字 (2021) 第 145820 号

不能不懂的编程

出 品 人：赵红仕
项目策划：冷寒风
作　者：项　华
绘　者：[西]弗朗西斯科·佩莱斯
责任编辑：夏应鹏
特约编辑：李春蕾
项目统筹：李楠楠
美术统筹：段　瑶
封面设计：罗　雷

北京联合出版公司出版
（北京市西城区德外大街 83 号楼 9 层　100088）
文畅阁印刷有限公司印刷　新华书店经销
字数 20 千字　720×787 毫米　1/12　4 印张
2021 年 9 月第 1 版　2022 年 5 月第 2 次印刷
ISBN 978-7-5596-5448-9
定价：52.00 元

版权所有，侵权必究
本书若有质量问题，请与本社图书销售中心联系调换。电话：010-82651017

目录

人类的"偷懒"史	2
怎样与机器"聊天"	4
指挥机器去工作	6
机器不"懒惰"的秘密	8
程序里有个小工匠	10
像玩游戏一样学编程	12
程序会生病吗	14
编程可以做什么	16
送你一个程序"大礼包"	18
看不见的程序生活圈	20
大程序里的小程序	22
搜索一下，就知道	24
养成好习惯的重要性	26
游戏真的不简单	28
软件的网上生活	30
机器在想什么	32
教会汽车"自动驾驶"	34
大对决！人与机器人的比赛	36
大数据时代	38

科学史

豆包　马龙先生　泡芙

人类的"偷懒"史

科技小区搬来了一位新住户，人们称他为马龙先生。

马龙先生是一位"无所不能"的超级程序员，他喜欢编程，喜欢吃快餐，喜欢他的两只宠物松鼠——调皮的豆包和聪明可爱的泡芙。

这是马龙先生工作时使用的工具，一台功能齐全的电脑。当然，他也能在别的电脑上进行工作——看，笔记本电脑正被泡芙抱着打游戏呢。

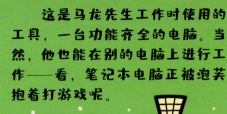

曾有人说工具的进化史就像是人类的"偷懒"简史，不可否认的是，这些工具真实地改变了我们的生活并影响了我们的**行为方式**。

能人制造手斧，提高了生存概率。

智人发明弓箭并学会了使用火，促进了文明发展。

近代工厂开始进入机械化，生产效率飞速提升。

古代人发明更复杂的工具，代替了部分体力劳动。

现在，计算机和各种电子产品为我们打开了全新的科技时代。

第一台通用计算机（ENIAC）虽然体积庞大，操作复杂，但它的出现为计算机的发展奠定了基础。

第二代计算机，体积变小了很多，也有了编程的功能。

晶体管是芯片的重要组成，计算机体积的减小得益于晶体管技术的变革。

第三代计算机的代表：个人计算机。计算机进入人们的生活中。

经过许多科研人员的不懈努力，十几年间，科技发生了飞跃式的进步。这一时期不仅有各种机器材料的发明和改进，还出现了各种**编程语言**，使得人与机器的关系更加紧密。现在，编程也成了人类"偷懒"的新工具。

王永民工程师让电脑读懂了中文，打破了外界认为"汉字与电脑无缘，将会被世界淘汰"的说法。

这是早期编程语言诞生时，计算机执行的一段代码。

豆包也想当程序员，马龙先生给它讲的第一课就是让计算机成功显示"HELLO, WORLD！"。

它有什么特殊含义吗？

当机器显示这句话时，仿佛拥有了生命呢。当编程完成时，我们会让机器与世界打个招呼。

语言

怎样与机器"聊天"

马龙先生每天都坐在电脑前把键盘敲得"噼里啪啦"响,泡芙从未见过他与电脑说话,所以他是如何与电脑交流的呢?

机器有自己独特的"**语言**",它能理解的内容是 0 和 1 的组合。它听不懂人类说的话,不管是英语、中文还是西班牙语,机器都不能理解。如果我们用 0 和 1 与机器交流,也十分费劲。这时,我们就需要一个"**语言翻译器**"来帮忙。

编程语言是写出来的。

最初人们用不同符号表示特定的内容,形成代码,再由翻译器翻译给机器。后来有了**高级语言**,它们以近似自然语言的形式呈现代码,帮助人们"指挥"机器工作。

目前应用较为广泛的高级语言包括PHP、Java、C++、Python以及C语言等,不同的编程语言,其在应用优势方面也各不相同。

每个人跟机器交流的"习惯"不一样,有时别人看不懂这些语句,程序员就需要给别的程序员留下说明性的文字,这就是"**注释**"。

注释由特殊符号框起来。这样计算机就不会编译了。

这里有Bug,但是我不改。

框起来的内容不用翻译成指令。

原来上一个程序员是这么想的呀。

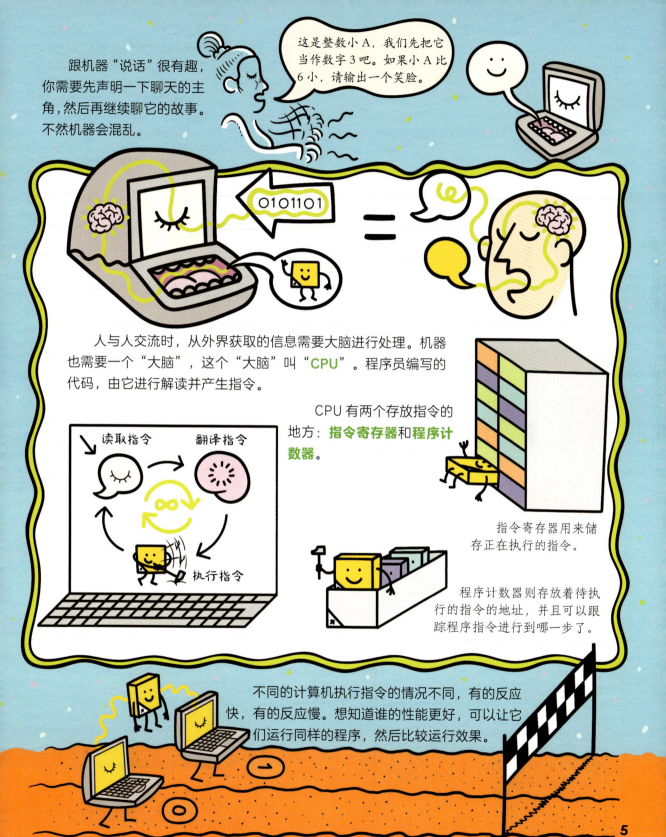

指令

指挥机器去工作

饥肠辘辘的马龙先生打开了冰箱，发现冰箱里什么吃的都没有。他不得不重新考虑午餐问题。马龙先生有这样几个选择：去购物、点外卖以及"不吃了"。

变成一台机器就没有这么多选择了。

那可不一定。不信？我们来看看电梯要做多少选择，你就明白了。

电梯接到乘客的呼叫，它才会开始工作。咦，居然有两个人按下了按钮召唤电梯。

小黄

小蓝想要上楼，小黄想要下楼，不过小蓝比小黄抢先一步召唤了电梯，电梯会先执行上楼任务，将小蓝送到楼上。

小蓝

如果这时又有人召唤电梯，电梯就需要开启"判断模式"：

1. 电梯在哪儿，新乘客在哪儿？

▼ = ✗
▲ = ✓

2. 顺路时（同为上楼请求），电梯会接受新召唤，反之，电梯暂时不响应新召唤。

感应装置帮助电梯判断自己在哪儿。

?? 小朋友想想，当电梯下楼时，它应该怎么判断呢？

我们在生活中经常遇到类似"如果某件事发生了,就需要这么去处理"的情况。程序员也非常喜欢使用"如果……就……"的**语句**为机器设置程序,让只会遵从命令行动的机器按照设定好的方式去工作。

使用手机时
如果输入的密码正确,就能解锁屏幕。如果输入的密码错误,就不能解锁。

使用微波炉时
如果计时结束,微波炉就停止工作。

乘坐地铁时
如果刷卡成功,就开启闸门。

很多时候,程序员还需要用数学知识来帮机器解决问题。

想让热水壶里的水一直保持在60℃:

60℃是我们设定的标准,而"保持在60℃"是我们想要的结果。热水壶会用到数学中的比较关系:＞、＜和＝。

数学家不一定是程序员,但优秀的程序员,数学一定学得不错。

程序员为水壶设定指令

如果水的温度＜60℃,开始加热;
如果水的温度＞60℃,停止加热;
如果水的温度＝60℃,停止加热。

现在热水壶里的水是55℃,它会视另外两条指令为"假"指令,只遵从"真"指令:开始给水加热。

简单的语句能形成不同的指令,常见的执行指令有条件语句、循环语句等。

像**条件语句**这样的指令还非常多,你可别小看它们,它们是一种很了不起的想法。越多这样的指令汇聚在机器里,机器能处理的事情就越多。

还好点了外卖。肚子饿时,还是选择吃饭比较好。

机器不"懒惰"的秘密

马龙先生来到快递中心寻找他迟迟未收到的快递。这也是他第一次来到这里。看,一只"机械手"正有条不紊地往传送带上放快件。

机械手被事先设置好了几个重要的指令,它会遵照指令努力完成任务。

只要掌握了技巧,事情就会变得简单。

程序员给机械手设置的指令大概是这样的:

第一步:判断哪一件快递在最上方。

第二步:抓起来。

第三步:判断放置到哪儿。

第四步:轻轻地放下。

第五步:判断剩余货物的数量。

货物数量 > 0,重复前四步指令;

货物数量 = 0,结束工作。

最重要的是第五步:设置一个"重复"命令,直到机械手搬完所有快件后,停止工作。

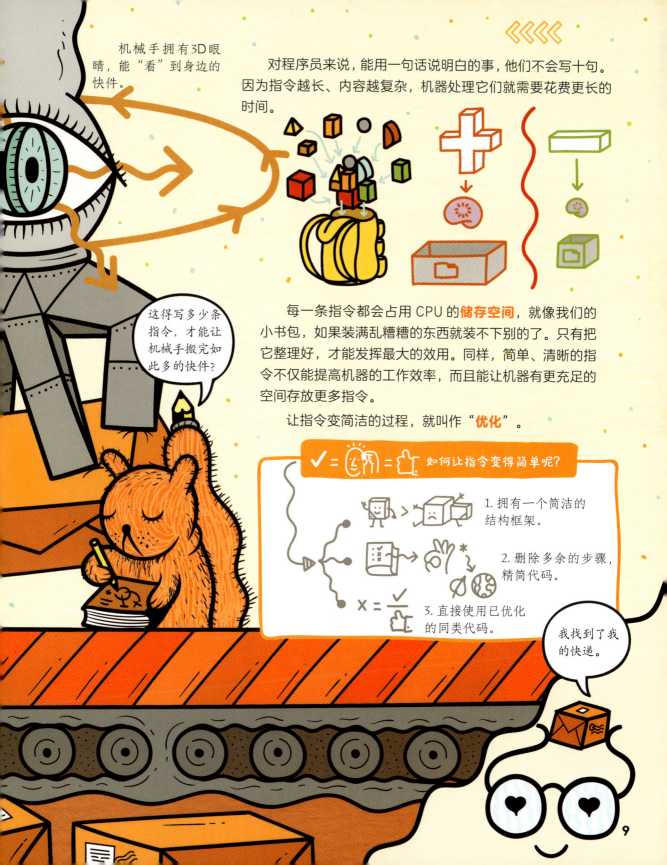

机械手拥有3D眼睛,能"看"到身边的快件。

对程序员来说,能用一句话说明白的事,他们不会写十句。因为指令越长、内容越复杂,机器处理它们就需要花费更长的时间。

每一条指令都会占用CPU的**储存空间**,就像我们的小书包,如果装满乱糟糟的东西就装不下别的了。只有把它整理好,才能发挥最大的效用。同样,简单、清晰的指令不仅能提高机器的工作效率,而且能让机器有更充足的空间存放更多指令。

让指令变简洁的过程,就叫作"**优化**"。

这得写多少条指令,才能让机械手搬完如此多的快件?

如何让指令变得简单呢?

1. 拥有一个简洁的结构框架。

2. 删除多余的步骤,精简代码。

3. 直接使用已优化的同类代码。

我找到了我的快递。

函数
程序里有个小工匠

马龙先生喜欢"偷懒",并致力于偷懒。他认为用最少的语言表达清楚指令只是代码优化的一个形式,优秀的程序员能从步骤上节省更多时间并减少错误。

他能"吹牛"是因为他有一个诀窍——函数。

咦?是要学习数学了吗?不、不、不,编程里的函数与数学中的函数可不一样。

其实我是一组打包好的程序。

$f(x)$ ≠

数学中的函数　　编程里的函数

在日常生活中,要完成一件复杂的事情,我们总是习惯把事情分解为多个"小任务"。

你在餐厅里点了一份早餐,后厨人员要将菜单中包含的牛奶、薯饼、甜甜圈尽快送到你手中,最快的方式是一个人倒牛奶、一个人炸薯饼、一个人拿甜甜圈,最后他们将东西统一放到托盘上,由服务人员送到你手中。

编程中的 函数 就像是故事里通力合作的后厨人员(一个人代表一个函数),它们各负责一部分任务,而且能完美地完成这小部分的工作。

程序员可以用简单的代码,把函数安装到大程序中,由函数去实现一些特定的功能。

模块 像玩游戏一样学编程

无所不能的程序员马龙先生成了"监护人"——他的侄子小豆丁要在他家住几天。小豆丁也想学习编程，于是，马龙先生为他制作了一套"幼儿编程游戏"。别惊讶，学习编程不一定从写代码开始。

卡片就是特殊代码，它能让人物行动。而你用卡片指示泡芙完成任务的过程，就像编程一样。

TIPS
游戏说明

玩家通过不同的卡片控制棋盘上的豆包和泡芙去吃右上角的奶酪。

1. 每次最多走5格。
2. 遇到障碍物要绕道，或使用技能卡消灭障碍物。
3. 谁使用的卡片少，谁获胜。

卡片是马龙先生用Python语言编写的模块。模块和函数很像，都是打包好的程序，但是一个模块可以包括好几个函数。

在编程中，实现程序功能的方式有很多，有的简单，有的复杂，但目的都一样。

移动卡片
一张卡片可以移动1格，分为"东南西北"四个方向。

循环卡片
将一组步骤重复X次。

同样是向上前进3格，使用三张移动卡和一张移动卡片＋一张循环卡片，最终结果相同。

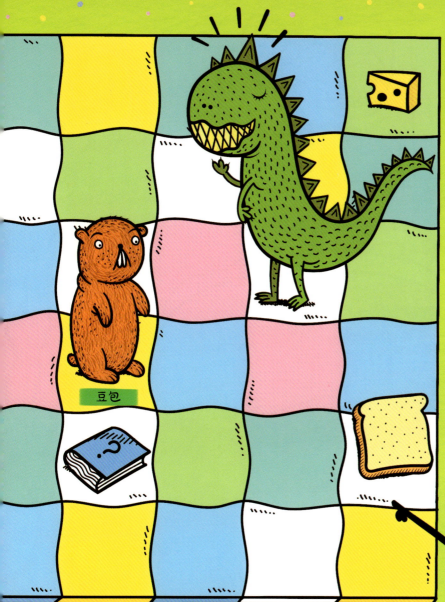

被马龙先生控制的豆包即将吃到奶酪,小豆丁就要输啦,他急中生智,在奇思妙想卡片上绘制了一只大恐龙,游戏棋盘上顿时出现了大恐龙。

噢!你真是个机灵鬼,不过胜负还没定呢。

豆包如果不逃到绿图标处,它就会被恐龙吃掉!

动作卡片
它是能实现某个目的的卡片(比如"吃掉障碍物")。

动作复合卡片
在动作卡片的基础上,增加了移动功能。

奇思妙想卡片
将想法表现出来的空白卡片。还能设定新规则。

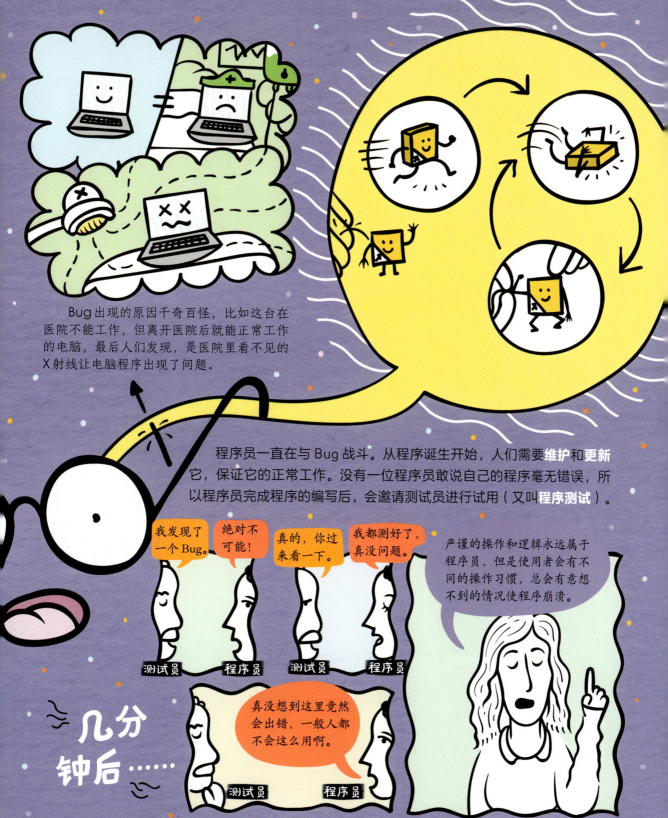

编程可以做什么

编程思维

马龙先生不仅能做各种厉害的程序，还能用几句简单的代码指令，让手机、电脑甚至马桶完成许多奇奇怪怪的事。

- 手机日程提醒功能
- 电脑自动整理文件功能
- 手机单机小游戏功能
- 马桶自动冲洗功能
- 电脑收集新闻功能
- 电脑抢票功能

软件

程序和**软件**是两个不同的东西。软件像一只大盒子，把程序、文档和数据统统装起来，任何人都可以自由使用软件。如果只有孤零零的程序，其他使用者会因为不知道怎么使用程序而头疼。

送你一个程序"大礼包"

马龙先生准备了蛋糕，庆祝他的软件"长大了"。

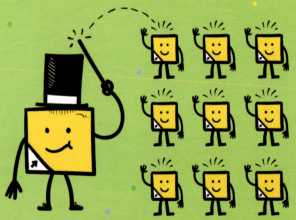

将程序打包成软件后，很容易复制和共享。

为了实现某些需要，人们不得不改变软件中程序的设定。打个**补丁**、做个**升级**，都是软件的"成长"。

搜索引擎

图书馆通常都有一些电脑，供前来看书的人查找图书存放在哪里，方便人们找到书籍。

搜索一下，就知道

无所不能的马龙先生也需要到图书馆去学习新知识。第一次来到国家图书馆的泡芙和豆包很惊讶，如何才能在这么多书中找到想要的那本呢？

这个功能，很像我们在网络上搜索信息的功能。

只要在检索系统这里搜索一下，就能知道想要的书在哪里。

是的，它们都是"搜索引擎"。

搜索一直是我们获取信息、查找资料的方式。图书的**目录**、**索引**等，都能帮助我们迅速找到想要了解的内容。

养成好习惯的重要性

今天又出现了一个让马龙先生发愁的Bug。这个Bug是在软件正在工作时，突然出现的。

任何一个软件在使用时都可能会出现"崩溃"或者突然自动关闭的现象。这是因为软件里存在着未被检测到的Bug，这些Bug在使用者手中被意外"激活"了。发生这些情况，可能会使得我们正在进行的工作文件全部丢失。

为了尽快找出发生错误的原因并修复它，马龙先生打开了他的"小秘书"——日志。

应用日志是最常见的"计算机日志"，或者也叫作调试信息和错误日志。它能帮助我们了解应用程序的工作过程。

另外一些日志，通常用来统计网站的访问量等信息。

日志有什么用呢？当应用程序出现错误时，使用者需要知道该如何处理。通过对日志进行跟踪，我们可以知道错误发生的具体环境和引发错误的原因，从而找到解决错误的办法。

为了识别错误，我们通常将日志分为警告和错误信息。

这是一份日志：冒着炊烟的房子里，主人正在准备早餐，而这份早餐似乎有点特别。你看出其中的"Bug"了吗？

许多程序隐藏着的问题，很难在程序编写过程中表现出来，这就需要我们对程序进行全方位的测试跟踪，而日志可以提供详细的执行记录，程序员可以很方便地找出应用存在的问题。

日志的内容和格式并没有严格的规定，但不是任何信息都有记录的必要。我们应该记录的是一些关键的信息。

记日志的要求

1.日志发生的日期和时间，包含时区信息。

2.相应的会话标识，能知道是哪个客户端或者是哪一类请求所产生的日志。

例如在网页日志中，网络IP地址就是日志应该记录的重要内容。

在日常生活和工作中，与"记日志"类似的事情还有"提前设定计划""定期记录进度""定期进行总结"等，它们都是非常好的习惯。

泡芙准备从每天写一篇日记开始，养成良好的习惯。豆包觉得泡芙不可能做到。我们猜一猜，泡芙是否能坚持下来呢？

分工合作

欢迎来到 M 游戏。

这么多人啊！
据说这种大游戏，一个人是不可能完成的。

游戏真的不简单

马龙先生接到了架构师 K 先生的邀请，来到 K 先生的游戏公司帮忙修复游戏程序中出现的一个 Bug。据说这个 Bug 已经困扰他们的程序员 Lily 小姐很久了。

麻烦的事情就让马龙先生去解决吧，豆包和泡芙更想知道一个游戏是如何诞生的。K 先生很愿意带它们参观一下。

我们可以粗略地将**网络游戏**分为四个部分：

后台
支撑游戏的框架，犹如人体的骨架和循环系统。

游戏从故事开始。

故事
不会讲故事的游戏会很枯燥。

场景
游戏中吸引人们的元素。通常有各种各样的虚拟人物。

前端
游戏的"模样"，就像人类的外貌一样。

前端工程师 设计游戏界面、运行方式等。

通常情况下，大型游戏都需要通过分工合作的方式来完成。K先生是总策划人，并在团队中担任"架构师"。他负责带领后台工程师、前端工程师、服务器工程师完成程序设计工作。

K先生的好友红发先生作为策划编辑，则带领编辑团队帮助工程师们一起设计游戏。游戏中的故事、场景、音乐由编辑团队负责创作。

后台工程师 搭建游戏后台系统。

服务器工程师 为游戏搭建活动平台。

策划编辑 编写故事、设计情节等。

忙完回来的马龙先生找到了豆包和泡芙，它们正缠着K先生，要当游戏的测试员！

给游戏做测试可不是玩游戏。测试员们会一遍遍重复基本操作，减少游戏在运行时出现Bug。

别闹了，我们该回家了！

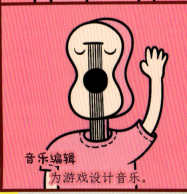

音乐编辑 为游戏设计音乐。

美术编辑 绘制游戏里的人物、场景。

游戏测试员 在游戏制作过程中或游戏完成后，对游戏进行测试，查找游戏里的Bug。

互联网

软件的网上生活

这天，马龙先生家里的"猫"不堪重负地坏掉了。结果就是无法再接入网络。有趣的事发生了：有的软件不能用了，但有的软件还可以正常运行。

调制解调器俗称"猫"，它能将原始信号转变为电话线可传送的信号。

✗	✓
网页无法显示。	办公的软件可以正常工作。
软件消息无法成功发送。	计算器和日历可以正常使用。
视频软件无法在线播放。	下载完成的视频可以播放。
网络游戏无法登录。	单机游戏可以继续运行。

看来，不是所有的软件都会受到网络的影响。

这是为什么呢？

电脑诞生的时候，还没有网络。一些基础的程序建立在不需要网络的情况下，成为**单机软件**。比如：计算器、办公软件。

后来人们发现，将不同的电脑连接起来能实现更多功能。于是人们创造了网络。很多程序开始"接入网络"，甚至依赖网络进行工作。

网络本质上是传递信息和共享信息。有了网络后，**网页**和**网络应用**程序相继诞生。单机软件只能在一台计算机上工作，而网络应用程序则可以通过服务器和客户端在不同的计算机上工作。

客户端

用户使用的是客户端，它负责向服务器发送使用者的请求。

服务器

服务器是负责收发信息的系统，它像邮局一样，每天都在忙忙碌碌地接收和分派信息。

在互联网时代，网络中也会有危险存在。在上网时一定不要随意点击不明链接。

如果想要利用网络传送一张照片，可以有这几种选择：

电子邮件

在线通信软件

网页共享和搜索下载

防火墙（一种网络安全系统）出现漏洞时，网络爬虫（能嗅探各种信息）会盗取信息。

黑客在网络上投放病毒（一种坏蛋程序），攻击别人的电脑。

所以，赶紧买个新的猫回来吧，我们想看电影！

海豚比较聪明，它可以判断出镜子中的影像是它自己。

部分生物具备广义上的智力。在鸡、鸭、猫、狗、海豚这些动物面前放一面镜子，除了智力相对较高的海豚外，其他动物都认不出镜子里的影像是它们自己。

人们想让机器拥有如同人一样的智慧和思想可不容易！但是科学家仍然在努力尝试，按照机器的运行方式设计属于机器的"**智能**"，这又被称为**人工智能**。

图灵提出了一个"一问一答"的测试，让人们猜猜电脑另一边是机器人还是人类。

当电脑会使用各种工具书、会翻阅资料，它就能变成一位"智慧博士"。这就是风靡一时的**专家系统**！不过这个系统遇到超范围的问题时就无法处理了。

第一台商用电子计算机拥有和人类下跳棋的技能。它的设计者为它编写了相关的系统程序。

人工智能

教会汽车"自动驾驶"

马龙先生设计了一辆智能汽车,他正准备测试智能汽车的系统是否是合格的"驾驶员",豆包和泡芙自愿成为第一批乘客。

> 无人驾驶汽车主要依靠事先设定的程序,并通过无人驾驶仪控制自己的行为。

这场测试中最大的挑战不是**智能汽车**如何启动,而是它要怎么应对路上出现的任何一种情况。

找寻正确的路线。

遇到弯道,顺利拐弯。

分辨各种道路标识,过斑马线时要减速。

了解道路周边的情况。

路过不同的地方,注意避让行人。

不能闯红灯!遇到其他车辆要保持距离,不要撞到前面车子的"屁股"。

有一个塑料袋突然飘落在智能汽车的玻璃窗上,幸好马龙先生提前告知了智能汽车发生意外状况时要靠边停车。

> 机器必须有明确的指令才能做出行动,它不能像人类一样灵活地处理各种突发情况。

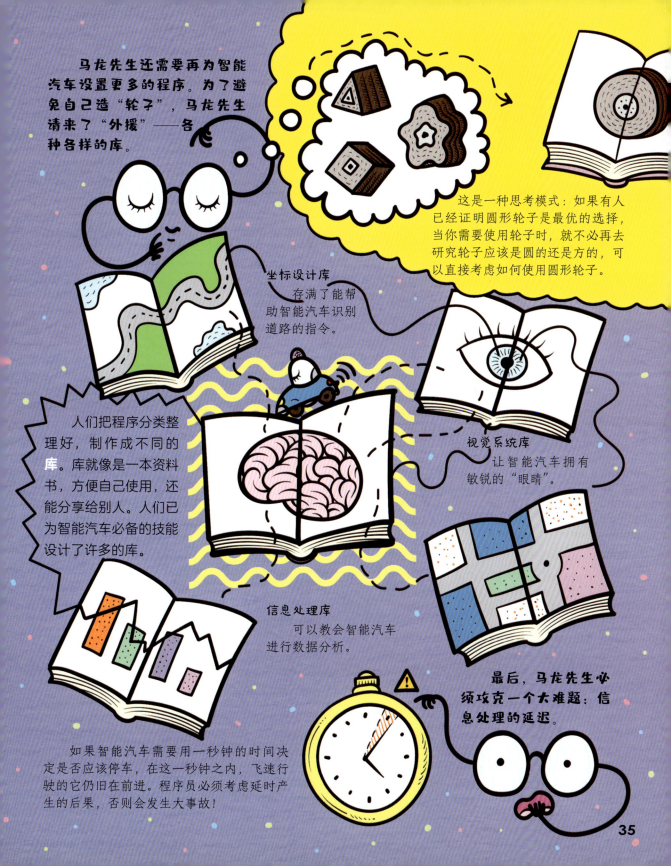

人工智能

大对决！人与机器人的比赛

泡芙喜欢炫酷的机器人，而豆包了解了人工智能之后，它连做梦都在担心机器人会统治世界。

机器人是能够帮助人类、代替人类劳动的**机械工具**，它们"铜头铁臂"不知疲惫。有了机器人后，人类远离了许多危险的工作。

它们不分昼夜地辛勤工作，从来不会偷懒。

上天下海都可以！

是的，机器人不一定有人类的外貌。

它们也会画画、会作诗……

医疗机器人能协助医生治病救人。

请问我的订单送出了吗？

可以让骑手帮我带一瓶酱油吗？

骑手正在取餐。

对不起，我不是很能理解您的意思，或许您可以问我其他问题。

这是马龙先生最近设计的一套客服系统，俗称"机器人客服"。

这也算机器人吗？

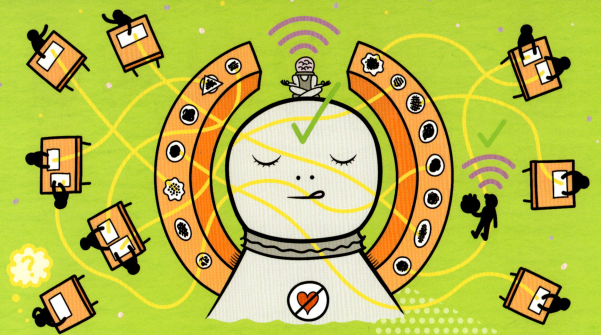

最早创造"机器人"这个概念的,是一位科幻小说家。

机器人不受环境、情绪等因素影响,还可以根据预设好的语言艺术与客人沟通,然后通过**大数据**的分析和人工智能技术来提高专业水平。

卡雷尔·恰佩克

卡雷尔·恰佩克是捷克著名作家。

随着机器人越来越智能,人类也开始担心自己能否战胜智能机器人。有人提出,程序员需要给机器人设定特殊规定,以保障人类的安全。

1. 机器人不得伤害人类,或看见人类受到伤害却袖手旁观。

2. 机器人必须服从人类的命令且不违背第一条。

3. 不违背前两条的情况下,机器人必须保护好自己。

人工智能是人类脑力的延展,而不是超越和替代人类本身。

人类与机器人的思考方式不同。

人类制造信息的速度远比处理信息的速度快！

大数据时代

马龙先生收到了他本月的消费账单，在这张表单上清楚地罗列出了马龙先生的消费情况，甚至还有温馨提醒：

您本月在餐饮上花费的钱比上个月低，工作再忙也要注意吃饭！

当你通过手机或者购物平台购买了东西，你的"行为"就被记录下来了，它们都将成为消费账单的数据来源。

我们的世界充满了各种数字和信息。很久以前的远古人类就凭借数手指、在石头上刻痕、结绳记事等方式记录信息，这些信息让人类的大脑逐渐变得更精确、理性。

结绳记事

数手指

刻痕

这些信息可以用来干什么呢？

通过记录人们看电影时的反应，分析出电影中更受观众喜爱的情节，我们就可以在其他电影中加入类似的情节，设计出更好的电影情节。

通过记录和分析购物行为，购物平台能了解一个人的消费习惯，并会向消费者推荐更多相关商品。

有了足够的信息，"未卜先知"也不是不可能！一家超市就曾在客户还未下单时，提前把商品送到附近发货点等待发货。

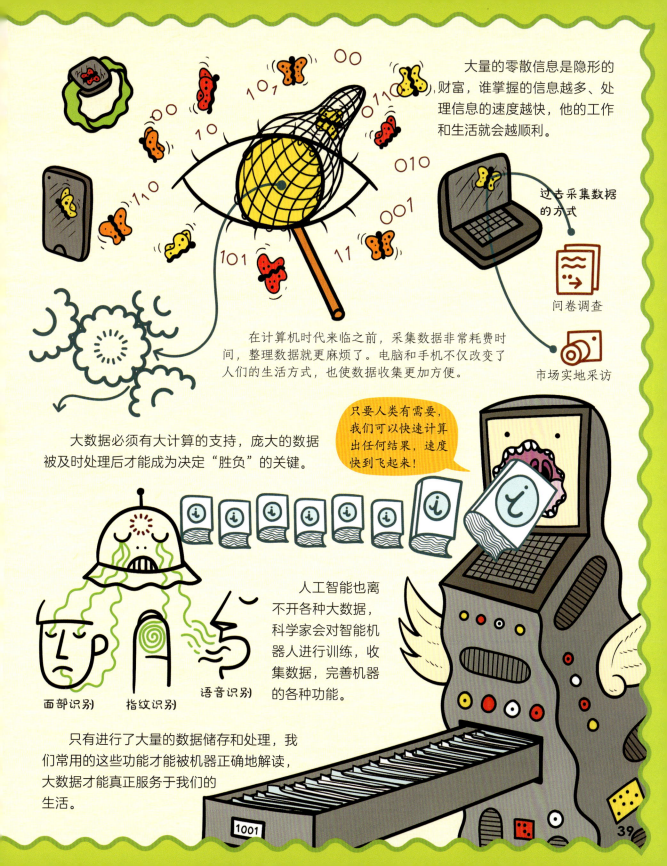

作者简介：

<u>项华</u>，北京师范大学教授、博士生导师，专业方向为物理课程与教学论、科学教育与传播、小学科学教育。创立了数据探究整合理论，奠定了信息技术与理科教学整合的基础。现主持旨在提高青少年群体科学信息素养水平的国家级项目——"互联网＋背景下的数字科学家计划理论与实践"。

绘者简介：

<u>弗朗西斯科·佩莱斯</u>，一位来自西班牙的插画师、平面设计师、自由撰稿人。他曾为西门子、潘婷以及 2012 年部分奥运会赞助商提供广告插图设计。他也曾是城市文化杂志《福斯塔夫》的撰稿人。